AF355671

# HYGIÈNE PUBLIQUE.

## DU DIAGNOSTIC

DE LA

# RAGE

# CHEZ LES CHIENS.

AVESNES,
Imprimerie et Lithographie de V. Poulet.

# HYGIENE PUBLIQUE.

## DU DIAGNOSTIC DE LA RAGE CHEZ LES CHIENS.

La rage est l'une de ces affections terribles devant laquelle, malheureusement, la science est encore, à l'heure qu'il est, complétement impuissante. On ne connaît jusqu'ici aucun remède à opposer à cette cruelle maladie, dont la terminaison est toujours fatale. La cause de la rage est inconnue. Nous ne savons rien sur la nature même du mal, et la thérapeutique est muette à son endroit. Il ne nous reste donc qu'à user de tous les moyens possibles pour prévenir ce fléau, dont nous ignorons à la fois et l'essence et le remède.

A plusieurs reprises déja, j'ai appelé l'attention de nos lecteurs sur les mesures préventives employées sans succès contre la rage. Aujourd'hui, je crois rendre service en consacrant cette *Revue* tout entière à l'analyse détaillée d'un mémoire qu'un savant professeur de l'école d'Alfort a lu à l'Académie de médecine, dans l'une des séances du mois dernier. M. H. Bouley, dans son travail intitulé: *Exposé du diagnostic de la rage chez les animaux de l'espèce canine*, a présenté, avec une lucidité remarquable, les caractères auxquels on peut reconnaitre, chez le chien, les premières atteintes de ce mal et les symptômes qui devront éveiller les soupçons des personnes auxquelles appartiennent les animaux qui les présenteraient.

Cette question, qui intéresse au plus haut point la santé publique, mérite qu'on lui accorde la plus grande attention, et l'on ne saurait donner assez de publicité aux observations de M. Bouley, qui devraient, selon nous, être portées à la connaissance de chacun, par les soins de l'administration. Nous prêcheronsd'exemple, faute de pouvoir mieux faire, en reproduisant, dans les limites nécessairement restreintes de cette *Revue*, les points saillants du travail dont l'Académie de médecine a entendu la lecture avec le plus vif intérêt. M. Bouley apporte bon nombre d'éléments nouveaux dans l'étude qui nous occupe, et, ce qui ne vaut pas moins, il détruit des préjugés nombreux et des erreurs qui entrainent fréquemment à leur suite les plus graves dangers, comme on le verra plus loin.

L'idée de rage, chez les chiens, indique, pour le monde en général celle d'une maladie qui se caractérise *nécessairement* par des accès de fureur, des envies de mordre, etc... «C'est un préjugé bien redoutable; c'est peut-être, dit M.Bouley, de tous ceux qui sont accrédités au sujet de cette maladie, le plus fécond en conséquences désastreuses, car on demeure sans défiance en présence d'un chien malade qui ne cherche pas à mordre; et cependant sa maladie peut très-bien être la rage. « Il faut donc toujours se méfier du chien qui commence à ne plus présenter les caractères de la santé. La crainte du chien malade n'est pas seulement le commencement de la sagesse, c'est la sagesse même.

Comme Youatt l'a exprimé, les premiers symptômes de la rage du chien consistent dans une humeur sombre et une agitation inquiète, qui se traduit par un continuel changement de position. L'animal cherche à fuir ses maîtres; il se retire dans son panier, dans sa niche, sous les meubles, mais il ne montre aucune disposition à mordre. Une des particularités les plus curieuses et les plus importantes à connaître, c'est la persistance, chez le chien, même dans les périodes les plus avancées de la maladie, des sentiments d'affection envers les personnes auxquelles il est attaché. Ces sentiments demeurent si forts en lui que le malheureux animal s'abstient souvent de diriger ses atteintes contre ceux qu'il aime, alors même qu'il est en pleine rage. De là les illusions fréquentes que les propriétaires des chiens enragés se font sur la nature de la maladie de ces animaux. Le plus souvent, le chien enragé respecte et épargne ceux qu'il affectionne.

A la période initiale de la rage, et lorsque la maladie est complétement déclarée, dans les intermittences des accès, il y a, chez le chien, espèce de délire qu'on peut appeler le *délire rabique*. Ce délire est caractérisé par des mouvements étranges, qui dénotent que l'animal malade voit des objets et entend des bruits qui n'existent que dans son imaginaton. Tantôt, en effet, le chien se tient immobile, attentif, comme aux aguets; puis tout à coup il se lance et mord dans l'air, comme fait dans l'état de santé l'animal qui veut attraper une mouche au vol. D'autres fois, il se lance furieux et hurlant contre un mur, comme s'il avait entendu de l'autre coté des bruits menaçants. L'étrangeté de ces hallucinations doit éveiller l'attention et mettre en garde contre ce qu'elles annoncent.

A une période plus avancée de la maladie, l'agitation du chien augmente. il va, vient, rôde incessamment d'un coin à l'autre; continuellement il se lève, se couche et change de position de toute manière. « Chose remarquable et en même temps bien redoutable, insiste M. Bouley, il est beaucoup de chiens chez lesquels l'attachement pour leur maître semble avoir augmenté, et ils le témoignent en leur léchant les mains et le visage. On ne saurait trop fixer l'attention sur cette singularité des premières périodes de la rage canine, parce que c'est elle surtout qui entretient l'illusion dans l'esprit des propriétaires de chiens. Un exemple va prouver l'importance de ces avertissements et le profit qu'on en pourrait tirer.

« Dans la première semaine de novembre dernier, dit l'auteur, deux dames sont venues à l'école d'Alfort avec une fillette de quatre ans. Elles conduisaient à la consultation un chien à peine muselé, qu'elles avaient tenue sur leurs genoux pendant le trajet de Paris à Alfort, en compagnie de la jeune enfant, et qu'elles déclaraient être malade depuis trois jours passés. Ce chien, disaient-elles, qui couchait dans leur chambre, ne les laissait pas dormir tant il était agité. Toute la nuit, il était sur ses pieds, allant et venant, grattant le sol avec ses pattes. Ce chien était enragé: à peine avait-il franchi la grille de l'Ecole, que son aboiement caractéristique, entendu à distance, avait mis sur leurs gardes les élèves qui m'entouraient à la consultation. Ce ne fut qu'un cri dans leurs rangs: «Un chien enragé!»

Ce chien pouvait aboyer librement; donc sa muselière n'était pas étroitement serrée autour de ses mâchoires, dont le jeu était assez facile pour qu'il pût mordre. Et cependant, depuis trois jours qu'il était malade, il avait respecté ses maîtresses, dans la chambre desquelles il couchait. L'enfant avait été moins heureuse: le chien agacé par quelque taquinerie, s'était jeté sur elle et l'avait très-légèrement mordue. Malgré cela, cependant, les personnes qui conduisaient cet animal à l'école d'Alfort n'avaient encore, à son égard, aucune inquiétude.

Lorsque monsieur Bouley manifesta à ces dames son étonnement de la tranquillité d'esprit dans laquelle elles vivaient: — Qu'en savions-nous? répondirent-elles: ce chien buvait très-bien et allait souvent boire, pouvions-nous douter de la maladie dont vous le dites affecté? Cette réponse, dans laquelle se trouve exprimée la cause de bien des malheurs, nous amène tout naturellement à parler de d'hydrophobie.

«Le préjugé de l'hydrophobie, dit l'auteur, est l'un des plus dangereux qui règne à l'égard de la race canine, et l'on peut dire que le mot d'hydrophobie, qui s'est peu à peu substitué, même dans le langage usuel, à celui de rage, est une des plus détestables inventions du néologisme, parce que cette invention a été fertile pour l'espèce humaine en une multitude de désastres. C'est que ce mot implique une idée, aujourd'hui profondément ancrée dans l'opinion du public, bien qu'elle soit radicalement fausse par les faits de tous les jours. »

De par le nom grec imposé à la rage, un chien enragé doit avoir horreur de l'eau. Donc, s'il boit, il n'est pas enragé, et partant de ce raisonnement, un très grand nombre de personnes s'endorment dans une sécurité trompeuse, à côté de chiens enragés, qui vivent avec elles et couchent même sur leur lit. Le chien enragé n'est pas hydrophobe: quand on lui offre à boire, il ne recule pas épouvanté; loin de là, il s'approche du vase; il lappe le liquide avec sa langue, il l'avale, et lorsque la constriction de la gorge rend la déglutition difficile, il n'en essaye pas moins de boire.

Le chien enragé ne refuse pas sa nourriture à la première période de sa maladie, mais il s'en dégoûte promptement. Chose remarquable alors, et tout à fait caractéristique: soit qu'il y ait chez lui une véritable dépravation de l'appétit, ou plutôt que ce symptôme soit l'expression d'un besoin fatal et impérieux de mordre auquel l'animal obéit, on le voit saisir avec ses dents, déchirer, broyer et avaler une foule de corps étrangers à l'alimentation. Cela connu, on doit se mettre fortement en garde contre un chien qui, dans les appartements, déchire avec obstination les tapis de lit, les couvertures, les coussins, etc.

La bave ne constitue pas, par son abondance exagérée, un signe caractéristique de la rage du chien, comme on le croit trop généralement. C'est donc une erreur d'inférer de l'absence de ce symptôme que la rage n'existe pas. Il est des chiens enragés dont la gueule est remplie d'une bave écumeuse, surtout pendant les accès. Chez d'autres, au contraire, cette cavité est complétement sèche. Dans d'autres cas, enfin, il n'y a rien de particulier à noter à l'égard de l'humidité ou de la sécheresse de la cavité buccale. L'état de la sécheresse de la bouche ou de l'arrière-bouche donne lieu à la manifestation d'une extrême importance, suivant M. Bouley, au point de vue de la contagion possible à l'homme.

Le chien enragé, dont la gueule est sèche, fait avec ses pattes de devant, de chaque côté de ses joues, les gestes qui sont naturels au chien, dans l'arrière-gorge ou entre les dents duquel un os incomplétement broyé s'est arrêté. Il en est de même quand la paralysie des mâchoires rend la gueule béante, ainsi que cela se remarque dans la variété de rage qu'on appelle la rage nue. Un vétérinaire de Lons-le-Saunier, M. Nicolin, est mort, en 1846, victime de la rage qu'il avait contractée en examinant la bouche d'une petite chienne qui, au dire de son maître, devait avoir dans la gorge quelque chose qui l'empêchait de manger.

L'aboiement du chien enragé est tout à fait caractéristique, si caractéristique que l'homme qui en connait la signification peut, rien qu'à l'entendre, affirmer, à coup sûr, l'existance d'un chien enragé là où cet aboiement a retenti. Il est impossible de décrire par des paroles le hurlement rabique; tout ce que l'on peut dire, c'est que l'aboiement des chiens, sous le coup de la rage, est remarquablement modifié dans son timbre et dans son mode. Au lieu d'éclater avec sonorité normale, et de consister dans une succession d'émissions égales en durée et en intensité, il est rauque, voilé, plus bas de ton, et, à un premier aboiement fait à pleine gueule succède immédiatement une série de trois ou quatre hurlements décroissants , qui partent du fond de la gorge, et pendant lesquels les mâchoires ne se rapprochent qu'incomplétement, au lieu de se fermer à chaque coup comme dans l'aboiement franc. On est donc prévenu que *toujours* la voix du chien enragé change de timbre.

Une particularité très-curieuse de l'état de la rage, et qui peut avoir une très-grande importance au point de vue diagnostique, c'est que l'animal est *muet* sous la douleur. Quelles que soient les souffrances qu'on lui fait endurer, il ne laisse entendre ni le sifflement nasal, première expression de la plainte du chien, ni le cri aigu par lequel il traduit les douleurs les plus vives. Frappé, piqué, blessé, brûlé même, le chien enragé reste muet; non pas qu'il soit insensible, car il cherche à éviter les coups.

Lorsqu'on lui présente une barre de fer rouge, et que, emporté par la rage, il se jette sur elle furieux et la mord, il recule immédiatement après l'avoir saisie. Le fer rouge appliqué sur ses pattes le fait fuir de même. Toutefois, si la sensibilité n'est pas éteinte chez le chien enragé elle doit être moindre que dans l'état physiologique. Cela explique comment il peut arriver que, sous l'influence de ce mal, le chien assouvisse sa fureur jusque sur lui même. M. Bouley a raconté autrefois dans le *Recueil de médecine vétérinaire*, l'histoire d'un chien épagneul appartenant à M Demidoff qui, dans un accès de rage, se rongea la queue avec ses dents et finit par se la détacher du tronc. Dans d'autres cas, les malades s'écorchent seulement la peau jusqu'au vif, et les plaies qui résultent de leurs mordillements répétés ressemblent, à s'y méprendre, à ces dartres vives, si communes chez les chiens. La conclusion à tirer de ces faits, c'est qu'il faut se méfier du chien qui ne se montre pas sensible à la douleur, dans la mesure ordinaire.

La rage se caractérise encore par une particularité bien curieuse et de la plus haute importance, sous le rapport du diagnostic: je veux parler de l'impression qu'exerce sur un chien affecté de cette maladie, la vue d'un animal de son espèce. Cette impression est tellement puissante, elle est si efficace à donner lieu immédiatement à la manifestation d'un accès ,qu'il est vrai de dire que le chien est le réactif sûr, à l'aide duquel on peut décéler la rage encore latente dans l'animal qui la couve.

Tous les jours, à l'école d'Alfort, on se sert de ce moyen pour dissiper les doutes, dans les cas ou le diagnostic peut demeurer incertain, et il est bien rare qu'il laisse le praticien en défaut. Dès que le chien, soupçonné malade, se trouve en présence d'un sujet de son espèce, il tend à se jeter sur lui, si sa maladie est réellement la rage, et, s'il peut l'atteindre, le mord avec fureur. Chose plus étrange encore peut-être, tous les animaux enragés, à quelqu'espèce qu'ils appartiennent, subissent la même impression en présence du chien. Tous en le voyant, s'exitent, s'exaspèrent, se lancent sur lui, et l'attaquent avec ses armes naturelles: le cheval, avec ses pieds et ses dents; le taureau et le bélier, avec les cornes.

Il n'y a pas jusqu'au mouton qui ne dépouille, sous l'empire de la rage, sa pusillanimité native, et qui, loin de ressentir de l'effroi à la vue du chien, ne lui en inspire, au contraire, et, fondant sur lui tête baissée, ne l'oblige à fuir devant ses attaques.

Voici un fait bien plus singulier encore.

Le chien semble perdre la singulière propriété qu'il possède de mettre en jeu l'excitabilité des animaux enragés, lorsque la maladie dont ceux-ci sont atteints n'est pas de provenance canine. Un cheval auquel on avait, à Alfort, inoculé la rage du mouton, contracta cette maladie sous la forme la plus furieuse, car il se déchirait à lui-même la peau des avant-bras à coups de dents. Eh bien! la vue d'un chien ne produisit sur cet animal aucune excitation: celui qu'on jeta dans sa mangeoire fut épargné; il le repoussa du bout de sa tête, sans lui faire aucun mal. Mais quand on lui présenta un mouton, il entra à l'instant même dans un accès de fureur terrible et la pauvre bête, saisie par lui, fut à l'instant même broyée sous ses dents.

Mais ce fait n'est peut-être qu'une exception; et à supposer qu'il soit l'expression d'une loi, et que les faits à venir démontrent que les animaux qui ont contracté la rage par inoculation sont surtout impressionnés par la vue d'un animal de la même espèce que celui sur lequel le virus a été puisé, il ne sera pas commun de voir se reproduire le phénomène que nous venons de rapporter, parce que rien n'est rare comme la transmission de la rage des herbivores.

Cependant l'importance de la connaissance de ce fait est grande, et l'enseignement qui en ressort pourrait être très-utile, si les propriétaires, éclairés sur sa signification, étaient mis à même d'en profiter. « Tous les jours, en effet, ajoute M. Bouley, en interrogeant des personnes qui nous conduisent des chiens enragés, nous acquérons la preuve que, avant de diriger leurs atteintes contre l'homme, ces chiens se sont montrés très excitables à la vue d'un animal de leur espèce.— Chose singulière, nous dit-on, mon chien, d'un naturel très pacifique, est devenu, depuis deux ou trois jours, très-agressif pour les autres chiens dès qu'il en voit un, il lui court sus. »

A ce propos, l'auteur rapporte une anecdote qui, mieux que les commentaires, fera ressortir l'importance diagnostique de la particularité curieuse sur laquelle il vient d'appeler l'attention. «Il y a une vingtaine d'années, une personne conduisit à Alfort, dans un cabriolet de place, un fort joli chien de chasse, qui fut placé non muselé dans le fond de la voiture, c'est-à-dire sous les jambes de son maître et du cocher. Pendant tout le trajet, et malgré l'excitation que pouvait lui causer la présence d'une personne qui lui était étrangère, ce chien resta inoffensif.

« La voiture entra dans l'Ecole jusqu'à la cour des hôpitaux, et là, le propriétaire du chien le prit dans ses bras et le porta dans mon cabinet, où je me rendis. Il me donna pour renseignements, que depuis deux jours, cet animal était triste et refusait de manger. N'étant pas alors en garde, comme je le suis aujourd'hui, contre la rage et ses modes insidieux de manifestation, je plaçai ce chien sur mes genoux pour l'examiner de plus près. J'étais en train de soulever les lèvres pour me rendre compte de la coloration des muqueuses, lorsqu'un caniche qui m'appartenait entra dans mon cabinet. Dès qu'il l'aperçut, le chien que j'examinais m'échappa des mains, sans essayer de me mordre, et se rua sur le caniche, qui parvint à l'éviter sans essuyer de dommage. Ce mouvement inattendu, et tout à fait en dehors du caractère de cet animal, d'après ce que me dit son maître, fut pour moi un trait de lumière. Je soupçonnai la rage. Le chien fut immédiatement sequestré; et, trois jours après, il succombait à la rage. »

Rien n'est donc plus suspect qu'un chien qui, contrairement à ses habitudes et aux inspirations de son naturel, se montre tout à coup agressif pour les animaux de son espèce. De pareilles manifestations sont très significatives, et si l'on sait les comprendre, on peut mettre les siens, les autres et soi-même, à l'abri des désastres que peut causer la maladie dont ce sont des signes précurseurs infaillibles.

Encore une autre particularité dont la connaissance importe au public, et qui pourrait prévenir bien des malheurs. Il arrive très-souvent que le chien qui ressent les premières atteintes de la rage s'échappe de la maison et disparaît. On dirait qu'il a comme la conscience du mal qu'il peut faire, et que, pour éviter d'être nuisible, il fuit ceux auxquels il est attaché.

Quoiqu'il en soit de cette interprétation, toujours est-il que très-souvent il abandonne ses maîtres, et qu'on ne le revoit plus, soit qu'il aille mourir dans quelque endroit retiré; soit, ce qui est le plus ordinaire dans les localités populeuses, que, reconnu pour ce qu'il est, aux sévices qu'il commet sur les hommes et sur les bêtes, il trouve la mort en route.

Mais dans quelques cas, encore trop nombreux, le malheureux animal, après avoir erré un jour ou deux et échappé aux poursuites, revient, obéissant à une attraction fatale, vers la maison de ses maîtres. C'est dans ces circonstances surtout que les malheurs arrivent. En effet, au retour du pauvre égaré, on s'empresse vers lui; le premier mouvement est de le secourir, car la plupart du temps, il est misérable à l'excès, réduit à rien, couvert de boue et de sang. Mais malheur à qui l'approche! A la période ou il en est de sa maladie la propension à mordre est devenue chez lui impérieuse: elle domine le sentiment affectueux, si vivace qu'il soit encore, et trop souvent elle le porte à répondre par des morsures aux caresses qu'on lui fait, aux soins qu'on veut lui donner! Il y a donc lieu encore ici de tenir tout au moins pour suspect le chien qui, après avoir quitté pendant un jour ou deux le toit domestique, y revient, surtout s'il est dans l'état de misère que je viens d'indiquer.

Tels sont, d'après le savant vétérinaire d'Alfort, les symptômes, les signes, les particularités qui signalent la rage chez le chien. On peut voir, d'après cet exposé, que la rage canine n'est pas une maladie caractérisée par un état de fureur continuelle, comme le pense généralement le public, qui ne croit à son existence, et ne la juge que par les manifestations de sa dernière période.

Voilà la vérité qu'il importe de mettre en relief, parce que si tout le monde s'en pénétrait bien, si l'on savait se rendre compte de la valeur des premiers symptômes de l'état rabique, la plupart des chiens pourraient être séquestrés avant qu'ils aient eu le temps d'occasionner des malheurs.

Quand la maladie est arrivée à son complet développement, c'est-à-dire quand elle se caractérise par des accès de fureur la physionomie du chien devient terrible. Son œil brille d'une lueur sombre et qui inspire l'effroi, dit M. Bouley, même lorsque l'on observe l'animal à travers la grille de la cage ou on le tient enfermé. Là, il s'agite sans cesse; à la moindre excitation il se lance vers vous, poussant son hurlement caractéristique.

Furieux, il mord les barreaux de sa niche et fait éclater ses dents. Si on lui présente une tige de bois ou de fer, il se jette sur elle, la saisit à pleines mâchoires et la mord à coups répétés. A cet état d'excitation succède bientôt une extrême lassitude: l'animal, épuisé, se retire au fond de sa niche, et là, il demeure quelque temps immobile, quoi qu'on puisse faire pour l'irriter. Puis, tout à coup il se réveille bondit en avant et entre dans un nouvel accès.

Lorsqu'un chien enragé est libre, il se lance devant lui d'abord avec une complète liberté d'allures, et s'attaque à tous les êtres vivants qu'il rencontre, mais de préférence aux chiens plutôt qu'a tous les autres. En sorte que c'est une heureuse chance pour l'homme qui peut être exposé à ses coups qu'il se rencontre à propos un chien dans son voisinage sur lequel l'enragé puisse assouvir sa fureur.

Le chien enragé ne conserve pas longtemps une démarche libre. Épuisé par les fatigues de ses courses, par les accès de fureur auxquels il a trouvé en route l'occasion de se livrer, par la faim, par la soif, et sans doute par l'action propre de la maladie, il ne tarde pas à faiblir sur ses jambes. Alors il ralentit son allure et marche en vacillant. Sa queue pendante, sa tête inclinée, sa gueule béante, d'où s'échappe une langue bleuâtre et souillée de poussière, lui donnent une physionomie très caractéristique. Dans cet état il est bien moins redoutable qu'au moment de ses premières fureurs. S'il attaque encore, c'est qu'il trouve sur la ligne qu'il parcourt l'occasion de satisfaire sa rage. Mais il n'est plus assez excitable pour changer de direction et aller à la rencontre d'un animal ou d'un homme qui ne se trouve pas immédiatement à la portée de sa dent.

Bientôt son épuisement est tel qu'il est forcé de s'arrêter. Alors il s'accroupit dans les fossés des routes et y reste somnolent pendant de longues heures. Malheur à l'imprudent qui ne respecte pas son sommeil ! L'animal, réveillé de sa torpeur, récupère souvent assez de force pour lui faire une morsure.

La fin du chien enragé est toujours la paralysie.

Il résulte de tout ce qui précède que c'est de l'ignorance dans laquelle sont les possesseurs de chiens des premiers phénomènes par lesquels se traduit l'état rabique, état presque toujours inoffensif au début, que proviennent la plupart des accidents que l'on a chaque année à déplorer. M. Bouley voudrait qu'une commission permanente fût nommée à l'Académie de médecine; que par les soins de cette commission, une instruction fut rédigée, aussi courte, aussi succincte, et cependant aussi complète que possible; instruction dans laquelle on dirait au public tout ce qu'il doit savoir pour bien connaître la race canine.

Cette instruction devrait recevoir la plus grande publicité par tous les moyens possibles; elle devrait être affichée partout, et en toute saison. « Que chacun se protège soi-même, dit-il, par la connaissance de ce qui est nécessaire à sa propre conservation, ce sera la meilleure, la plus efficace des prophylaxies. » C'est assez dire que M. Bouley croit peu à la puissance des mesures administratives qui, jusqu'ici, ont été mises presque exclusivement en pratique pour empêcher la propagation de la rage et sa transmission par le chien à l'espèce humaine.

Il est certain qu'en France, et notamment à Paris, la manière dont on pratique le muselement est une pure fiction, et que, dans l'état actuel des choses, on ne peut pas apprécier la valeur de cette mesure, qui ne reçoit pas et n'a jamais reçu une application réelle.

C'est parce que nous sommes entièrement de l'avis de M. Bouley sur l'insuffisance absolue des mesures édictées par la police, que nous nous empressons de faire connaître avec détail à nos lecteurs le travail si consciencieux et si utile auquel nous sommes heureux de donner toute la publicité dont nous disposons.

Extrait du journal des Commissaires de Police.